跑道数量

4 条

年飞机起降架次

可达 **62** 万

北京大兴国际机场

年旅客吞吐量

可达 **7200** 万人次

隔震支座数量

1152 套

入口至登机口最远距离

600 米

指廊庭院数量

5 座

图书在版编目（CIP）数据

巨型空港 / 郭雪婷著；田健丞，妙象童画绘. —北京：北京科学技术出版社，2022.11
ISBN 978-7-5714-2582-1

Ⅰ. ①巨… Ⅱ. ①郭… ②田… ③妙… Ⅲ. ①机场－儿童读物 Ⅳ. ① V351-49

中国版本图书馆 CIP 数据核字（2022）第 172317 号

策划编辑：刘婧文 沈 韦	电 话：0086-10-66135495（总编室）	
责任编辑：张 芳	0086-10-66113227（发行部）	
营销编辑：李尧涵	网 址：www.bkydw.cn	
图文制作：沈 韦	印 刷：北京捷迅佳彩印刷有限公司	
责任印制：李 茗	开 本：889 mm × 1194 mm 1/16	
出 版 人：曾庆宇	字 数：31 千字	
出版发行：北京科学技术出版社	印 张：2.5	
社 址：北京西直门南大街 16 号	版 次：2022 年 11 月第 1 版	
邮政编码：100035	印 次：2022 年 11 月第 1 次印刷	
ISBN 978-7-5714-2582-1		

定 价：58.00 元

巨型空港

郭雪婷◎著　　田健丞　妙象童画◎绘

　　寒假到了，糖糖准备跟爸爸去新加坡旅行。出发的当天，妈妈到机场为他们送行。

北京科学技术出版社
100 层 童 书 馆

大兴机场，到达！

大兴机场真大呀！糖糖站在机场出发大厅的入口，惊讶不已。

糖糖的爸爸就参与了大兴机场的建设，他忍不住想要糖糖快点儿了解这座了不起的机场。

当初建设这座机场真的很不容易！

好大好漂亮的机场啊！

大兴机场是一个占地面积约150万平方米的"巨无霸"，它坐落在北京的南部，处在北京中轴线的延长线上，位于天安门正南46千米处。

"经典二分法"设计方案

"几何三角"设计方案

"线性延展"设计方案

爸爸骄傲地告诉糖糖，来自全球的优秀建筑设计师都曾为大兴机场航站楼贡献过设计方案。他们的设计方案各有特色，但也都有不足之处。经过不断修改，大兴机场航站楼的最终设计方案才得以确定。

"闪亮红星"设计方案

"多边雪花"设计方案

"平行五杈"设计方案

"扭动蛇形"设计方案

航站楼的最终设计方案为"放射状五指廊"方案。该方案集"多边雪花"方案和"扭动蛇形"方案二者的优点于一身。

糖糖迫不及待从一层的入口进入出发大厅，发现大兴机场有好多层……

第四层
出 国内／国际出发

第三层
出 国内出发

第二层
进 国内／国际到达；
国际行李提取

糖糖和爸爸要出国，所以他们去位于第四层的值机大厅值机。

大兴机场航站楼是一个综合交通枢纽，汇集了机场、公交车站、高铁站和地铁站。如果多种交通方式在二维平面同时实现，旅客就需要走好远的路才能换乘。

摞起来，怎么样？

这正是设计师的解决思路。

第一层

国际行李提取

大兴机场首创了多层出发的设计，这样的设计大大提升了机场的运行效率。

地下一层

出 国内出发

在糖糖的脚下，高速列车正以 200 千米 / 时的速度驶过。

航站楼的各种功能被"摞"了起来，却带来了一些问题：高速列车驶过时产生的震动，会给航站楼造成很大的危害；列车运行时产生的震动也会让旅客站立不稳。

一般来说，列车从地面下方驶过时产生的震动，可能把地面上站着的人"摞"倒。

真的有高速列车从我脚下驶过吗？

工程师想出了一个好办法——利用隔震支座，将地上的航站楼和地下轨道交通隔开。

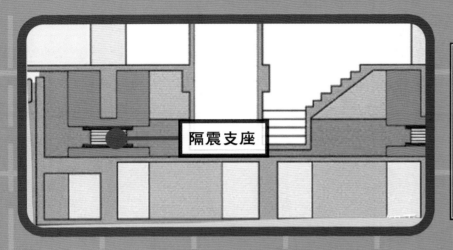

隔震支座

将航站楼和地下轨道交通隔开的减震层由 1152 套隔震支座组成。隔震支座由橡胶和钢板组成，橡胶具有延展性，钢板使隔震支座拥有承载力。这样，隔震支座既能满足承重的需要，又具有一定变形能力。

当然！不过，高速列车经过时产生的震动被一种神奇的装置"吸"走了！

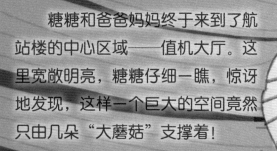

糖糖和爸爸妈妈终于来到了航站楼的中心区域——值机大厅。这里宽敞明亮，糖糖仔细一瞧，惊讶地发现，这样一个巨大的空间竟然只由几朵"大蘑菇"支撑着！

这里能放下一个我呢！

航站楼中心区的整个穹顶仅仅由 8 根 C 形柱支撑，它们合围形成的巨大空间可以放下一整个"水立方"！

哇，这个大厅好大呀。我们好像在几朵大蘑菇下面。

是啊，这个大厅里没有笔直的柱子，支撑屋顶的"大蘑菇"叫 C 形柱，因为它们的纵截面像英文字母 C。

辅助支撑柱

C 形柱

三角形最稳固！

辅助支撑柱

要支撑起这么大的屋顶可不容易！设计师和工程师将航站楼的穹顶分为 6 部分，其中 4 部分各由 1 根巨大的 C 形柱和 2 根辅助支撑柱组成的三角形结构支撑。另外 2 部分各由 2 根 C 形柱支撑。

值机完成，先去吃饭吧！

餐饮区离航站楼的穹顶很近，糖糖仰望穹顶发现，穹顶是由钢铁所组成的"编织网"……

巨大的"编织网"是由 6 万多个杆件通过球形节点连接而"编织"出来的。

如何安装？这对工程师来说可是一个不小的挑战！

工程师先在地面上将这些钢网架一个一个组装好，然后将组装好的钢网架慢慢提起来，固定到穹顶相应的位置上，最后将它们焊接在一起。

由于穹顶是曲面的，所以每个钢网架固定起来很复杂。只有利用先进的施工技术才能保证定位精准。

每个钢网架上设有5个提升点，每个提升点上都装有传感器，传感器会将各点的信息传送给计算机，由计算机对各点的信息进行分析，然后工程师会根据分析结果控制每个点的提升，整个过程精准而高效。

球形节点

杆件

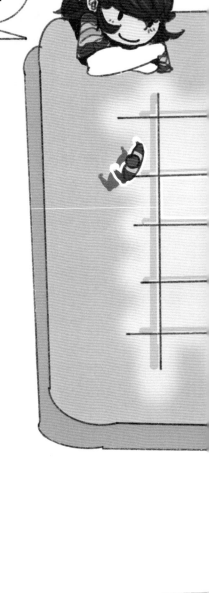

这样建起来的航站楼稳固吗？

爸爸告诉糖糖，穹顶的建造凝聚了工程师的智慧。巨大的穹顶会对地面施加很大的水平推力，这时，工程师就需要一块完整的底板来"拉"住穹顶。

由于所需的底板很大，如果一次性浇筑，混凝土在凝固、收缩的过程中会产生裂缝，而这会缩短底板的使用寿命。所以，工程师决定进行分块施工，先浇筑小块底板，待小块底板都凝固成型后，再用混凝土填充这些小块之间的缝隙，把小块底板拼接成大块底板。

拉力　　水平推力　水平推力　　拉力　　　　　　　　　　拉力

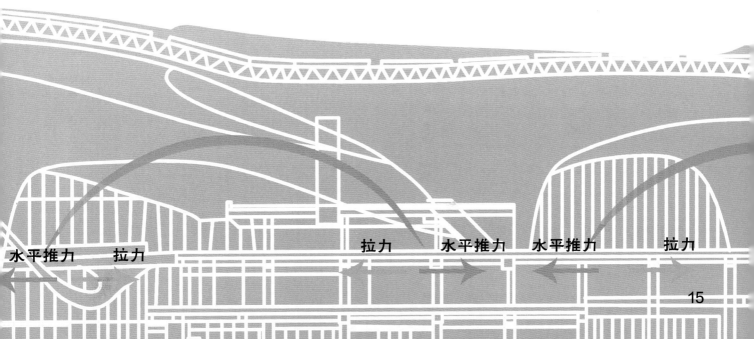

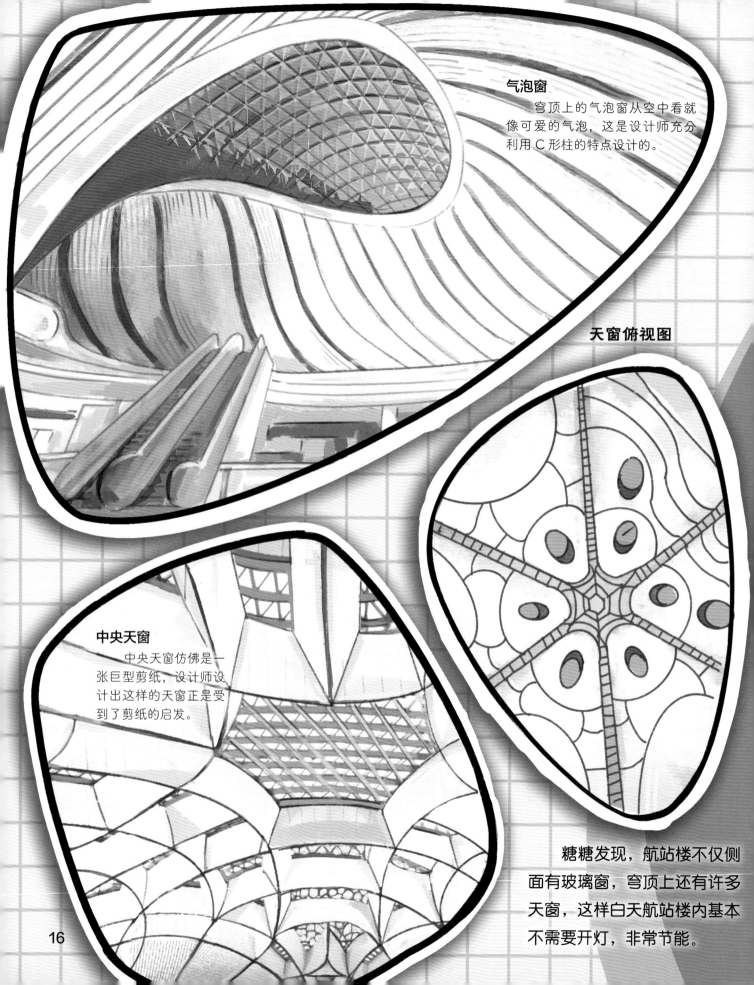

气泡窗

穹顶上的气泡窗从空中看就像可爱的气泡，这是设计师充分利用 C 形柱的特点设计的。

天窗俯视图

中央天窗

中央天窗仿佛是一张巨型剪纸，设计师设计出这样的天窗正是受到了剪纸的启发。

糖糖发现，航站楼不仅侧面有玻璃窗，穹顶上还有许多天窗，这样白天航站楼内基本不需要开灯，非常节能。

阳光直射使热气进入室内。天窗玻璃结构特殊，只有北面的光线可以进入室内。没有了阳光的直射，室内的温度自然就降下来了。

屋顶是曲面的，所以我们这些玻璃也是曲面的。没有两块玻璃完全一样，那么工人安装玻璃的时候怎么区分呢？

技术人员为我们制作了"身份证"，每块玻璃表面都有二维码。扫一扫就知道我们的型号和位置啦！

空侧

　　公众不能随意进入的区域，主要包括出发／到达区域、行李分拣区域、飞机维修区域和飞行区域等。旅客通过安检后可以进入出发／到达区域。

　　两座具有中国特色的"丝带桥"为通过安检的旅客和送行人提供了话别空间，它们还是连接航站楼空侧和陆侧的纽带。

　　一家人从餐厅出来后，来到了安检区。妈妈由于工作忙不能同行，只能送父女俩到这里啦。

妈妈再见！

安检后，糖糖和爸爸沿"丝带桥"走到位于南指廊尽头的登机口。糖糖惊喜地发现，这里藏着一座美丽的园林式院落——中国园。

其他四条指廊的尽头也各有一座主题小院，分别是丝园、茶园、瓷园和田园。

陆侧

　　旅客和其他公众可以自由进入的区域，旅客安检前即在该区域。主要包括停车场、机票办理区域、行李托运区域以及其他必要的服务区域。

19

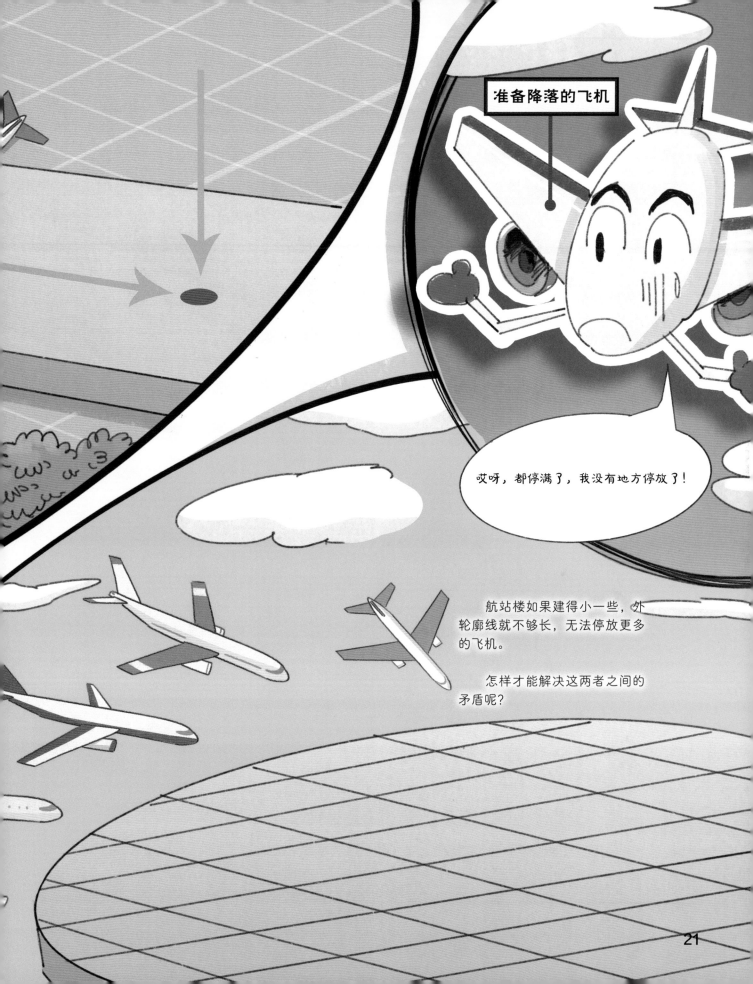

准备降落的飞机

哎呀，都停满了，我没有地方停放了！

　　航站楼如果建得小一些，外轮廓线就不够长，无法停放更多的飞机。

　　怎样才能解决这两者之间的矛盾呢？

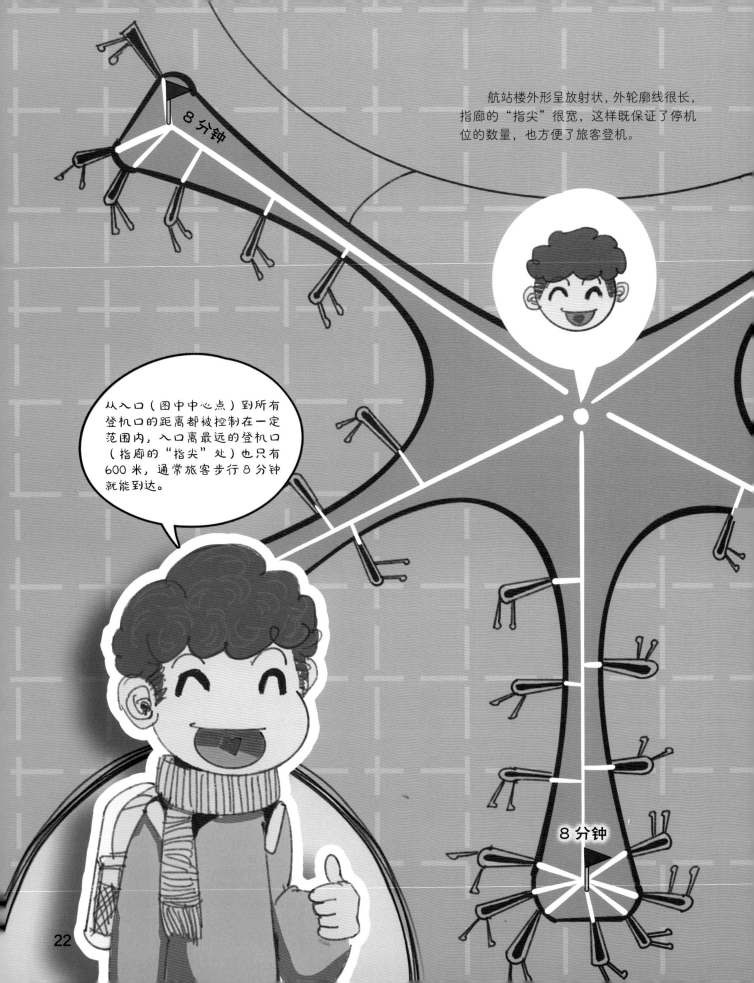

8分钟

航站楼外形呈放射状，外轮廓线很长，指廊的"指尖"很宽，这样既保证了停机位的数量，也方便了旅客登机。

从入口（图中中心点）到所有登机口的距离都被控制在一定范围内，入口离最远的登机口（指廊的"指尖"处）也只有600米，通常旅客步行8分钟就能到达。

8分钟

等待登机的时候，糖糖点开平板电脑上的地图软件，发现了一个奇怪之处……

北跑道

西一跑道

西二跑道

东跑道

飞机起降都需要迎风而行，所以机场跑道通常是南北向的，但是大兴机场的室外场地无法容纳4条南北向的跑道。

为此，设计师设计了三纵一横的全向型跑道。

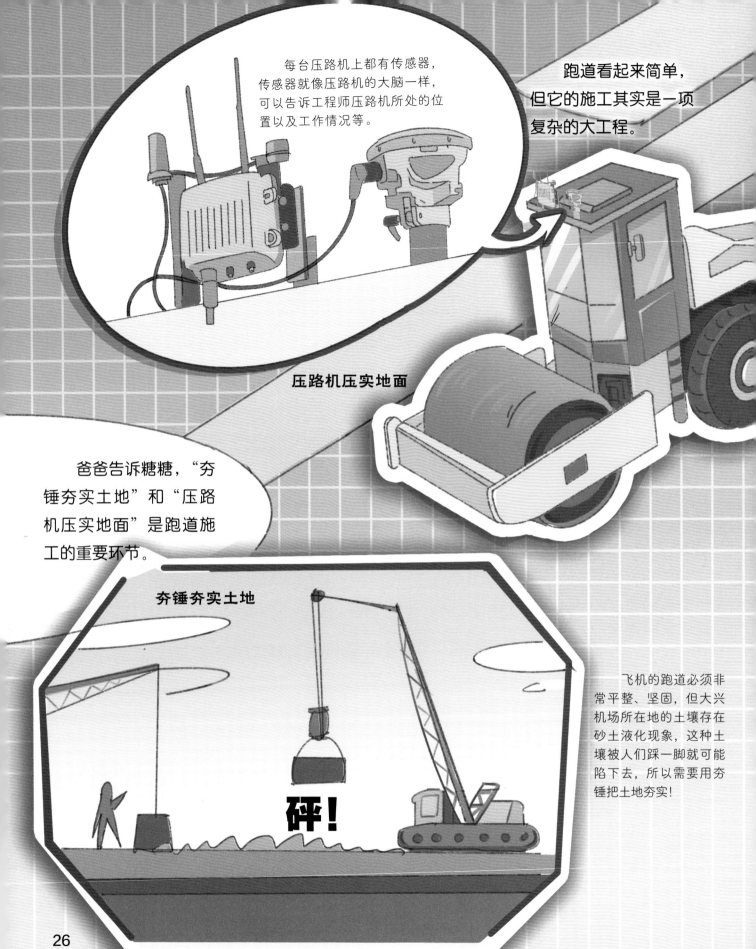

每台压路机上都有传感器，传感器就像压路机的大脑一样，可以告诉工程师压路机所处的位置以及工作情况等。

跑道看起来简单，但它的施工其实是一项复杂的大工程。

压路机压实地面

爸爸告诉糖糖，"夯锤夯实土地"和"压路机压实地面"是跑道施工的重要环节。

夯锤夯实土地

砰！

飞机的跑道必须非常平整、坚固，但大兴机场所在地的土壤存在砂土液化现象，这种土壤被人们踩一脚就可能陷下去，所以需要用夯锤把土地夯实！

除此之外，工程师研发了一套数字化施工系统，该系统可全程监测施工过程，提高了施工效率和精准度。

先进的自动强夯机械控制系统确保施工过程全部数字化。

借助于传感器和全球定位系统，工程师不必亲赴施工现场，就可以远程了解施工情况，并对施工过程进行精准监控。

终于可以登机啦！这时，外面下起了雪，到处白茫茫一片。糖糖又有了新发现——

叮咚！

"前往新加坡的旅客请注意，您乘坐的 BK004 航班，现在开始登机了！"

在你想得到和想不到的地方，都藏着设计师和工程师的奇思妙想。

看，跑道没有变白！

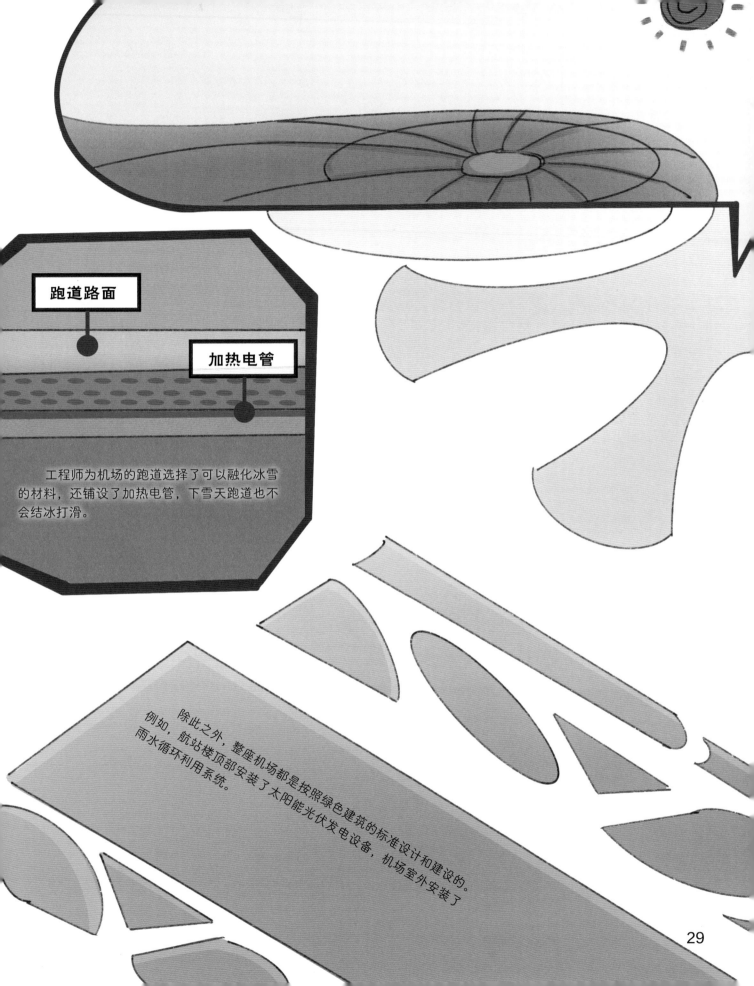

跑道路面

加热电管

　　工程师为机场的跑道选择了可以融化冰雪的材料，还铺设了加热电管，下雪天跑道也不会结冰打滑。

　　除此之外，整座机场都是按照绿色建筑的标准设计和建设的。例如，航站楼顶部安装了太阳能光伏发电设备，机场室外安装了雨水循环利用系统。

29

轰轰轰……飞机起飞了！糖糖从空中俯瞰大兴机场，它就像一只展翅的凤凰。糖糖不禁惊呼道："大兴机场真壮观！"

这里的每一处设计、每一步施工，都体现了设计师和工程师的智慧，大兴机场是先进科技和人性化需求的完美结合。

下次乘飞机出行时，你也要像糖糖一样，仔细观察你所去的机场哟！

飞机跑道

航站楼的顶部呈金色——这是故宫琉璃瓦在夕阳下的颜色。

田园

丝园

中央天窗

气泡窗

指廊

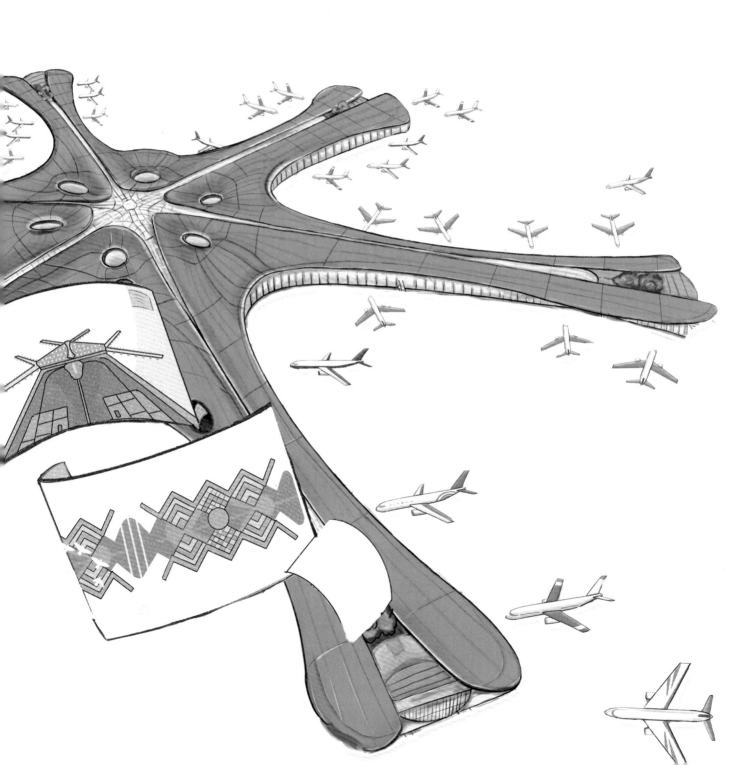

超级空港："大"中有个"人"

从字面来看，空港是为空中交通提供服务的港口。它不仅包括我们常说的航站楼，还包括跑道等相关建筑和设施。北京大兴国际机场（以下简称"大兴机场"）是一座巨型空港，它拥有全球最大的单体航站楼，年旅客吞吐量可达 7200 万人次。

毋庸置疑，大兴机场是一座"大"建筑，它是一个综合交通枢纽。地铁、高速列车、飞机等不同的交通工具如何并行不悖？旅客如何快捷地到达登机口？在候机时可以做些什么？

对这些问题，大兴机场交出了令人满意的答卷，因为每一位设计者和建设者心里都清楚，大兴机场规模巨大，而"大"中有个"人"。"以人为本"的理念贯穿了这座巨型空港从设计到建造的过程。

在本书中，我们和小女孩糖糖一家来到大兴机场。走进航站楼，最突出的感觉就是宽敞明亮。航站楼顶部安装了 8000 余块双层玻璃，使得航站楼能最大限度利用自然光；8 根巨大的 C 形柱支撑起穹顶，使得航站楼中心区通透而壮观。指廊的设计既保证了航站楼停机位的数量，也方便了旅客登机。此外，大兴机场的设计处处体现美学价值和人文关怀——航站楼外形宛若"凤凰展翅"，天窗的整体造型如同"如意祥云"，指廊尽头的园林式院落可以让旅客体会建筑的美、获得心灵的放松。

科技的发展是为了满足人们的需求，庞大的建筑服务于每一个个体。未来的建筑必将更加人性化。本书让小朋友通过了解大兴机场的点滴细节体会建筑师的智慧和情怀。

糖糖通过逛大兴机场发现了不少建筑科学的奥秘。希望小朋友在读完本书后，也可以得到启发，在日常生活中养成仔细观察的习惯，看到科技以人为本的初衷，为建筑科学的未来贡献力量！

中科院建筑设计研究院有限公司建筑设计师

郭雪婷

投入运营时间

2019年**9**月**25**日

建设用时

近**5**年

航站楼建筑面积

约**70**万平方米

值机岛数量

15个